U0192220

了解四季
春夏秋冬我都喜欢

温会会 / 文　曾平 / 绘

浙江摄影出版社

全国百佳图书出版单位

茂密的草丛里，生活着兔妈妈和她的
三个孩子——乖乖兔、欢欢兔和萌萌兔。

兔妈妈一边用宽大的芭蕉扇给孩子们扇风，一边轻声地安慰。

季节的顺序是谁规定的？我现在就要秋天！

4

来，给你们每人两颗糖果。
吃下一颗可以去往你们想去的季
节，吃掉剩下的一颗可以返回原
来的季节。

兔妈妈拿来一个玻璃
瓶，里面装满了五颜六色
的糖果。

欢欢兔率先换上长袖的衣服，吃下一颗糖果，闭上眼睛。

9

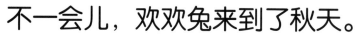

不一会儿，欢欢兔来到了秋天。

在秋风中，他看到了金灿灿的稻谷、红彤彤的苹果。

"秋天真多彩，我们来摘苹果吧！"说完，欢欢兔才意识到：兔妈妈、乖乖兔和萌萌兔都不在身边呀！

家中的乖乖兔赶紧穿上毛衣，吃下一颗糖果，闭上眼睛大声喊："糖果糖果，快带我去冬天！"

不一会儿，乖乖兔来到了冬天。

在寒风中，她看到了纷飞的雪花，世界一片白茫茫。

"冬天真好看,我们来打雪仗吧!"
说完,乖乖兔才意识到:兔妈妈、欢欢
兔和萌萌兔都不在身边呀!

还在家里的萌萌兔，穿上裙子，吃下一颗糖果，闭上眼睛大声喊："糖果糖果，快带我去春天！"

不一会儿，萌萌兔来到了春天。

在春风中，她看到了美丽的花朵，还有翩翩起舞的蝴蝶。

"春天真漂亮，我们来追蝴蝶吧！"说完，萌萌兔才意识到：兔妈妈、乖乖兔和欢欢兔都不在身边呀！

对了，还有
一颗糖果！

此时，萌萌兔好想念家人呀！
她鼻子一酸，忍不住哭了起来。

在不同的季节里，乖乖兔、欢欢兔和萌萌兔不约而同地吃下了手中的另一颗糖果，闭上眼睛大声喊："糖果糖果，快带我回到夏天吧！"

21

22

　　不一会儿，乖乖兔、欢欢兔和萌萌兔都回到了熟悉
的家中。

　　他们顾不上热，高兴地和兔妈妈拥抱在了一起！ 23

小兔子们穿着泳衣，带上游泳圈，跟随兔妈妈来到了清澈的小河中，开心地打起了水仗。

我也是！

"哈哈哈……"
小兔子们的笑声传得很远很远。

责任编辑　瞿昌林
责任校对　朱晓波
责任印制　汪立峰

项目设计　北视国

图书在版编目（CIP）数据

了解四季：春夏秋冬我都喜欢 / 温会会文；曾平
绘 . — 杭州：浙江摄影出版社，2022.8
（科学探秘·培养儿童科学基础素养）
ISBN 978-7-5514-4020-2

Ⅰ. ①了… Ⅱ. ①温… ②曾… Ⅲ. ①季节—儿童读
物 Ⅳ. ① P193-49

中国版本图书馆 CIP 数据核字（2022）第 115936 号

LIAOJIE SIJI : CHUN XIA QIU DONG WO DOU XIHUAN

了解四季：春夏秋冬我都喜欢
（科学探秘·培养儿童科学基础素养）

温会会 / 文　曾平 / 绘

全国百佳图书出版单位
浙江摄影出版社出版发行
　　　地址：杭州市体育场路 347 号
　　　邮编：310006
　　　电话：0571-85151082
　　　网址：www.photo.zjcb.com
制版：北京北视国文化传媒有限公司
印刷：唐山富达印务有限公司
开本：889mm×1194mm　1/16
印张：2
2022 年 8 月第 1 版　　2022 年 8 月第 1 次印刷
ISBN 978-7-5514-4020-2
定价：39.80 元